航空

飛機帶我們
翱翔

檀傳寶◎主編　葉王蓓◎編著

中華教育

起點

終點

原本，這一片藍天，只屬於白雲、小鳥，和故事裏的各路神仙。

後來，聰明的中國古人們發明了飄在天空的孔明燈，飛在春風裏的風箏……

終於，我們有了自己真正強大的翅膀，可以飛去和雲朵説，你好！

前進三格

找一個朋友，一人一個硬幣，「包、剪、揼」，讓硬幣飛行吧！

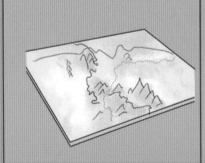

倒推三格

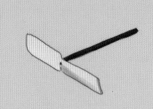

目錄

前進一格

倒退三格

熱愛飛行的中國神仙們

在人類還不能飛上天空的時候，天上除了飛着有翅膀的動物，還飛着我們的想像：有眾多的中國神仙、飛毯、掃帚、天使、騎鵝旅行的小男孩尼爾斯……

面對這麼擁擠的天空，英國來的巫婆忍不住了，問中國神仙們：「我說，你們中國飛到天上的人數太多了，你看這擠的！你讓我的掃帚往哪裏放！」

舒舒服服地坐在豪華車子裏的西王母回答：「哦！中國神仙和人類最大的區別就是他們能飛。他們要是不飛上來，我怎麼能給他們發神仙身份證呢？」

天使丘比特問中國神仙們：「可是你們沒有翅膀，怎麼飛上天空的呢？」

飛到月亮上的嫦娥搶着回答：「長了翅膀多難看啊，我是吃了長生不老藥就突然飛起來啦！」

不遠處的中國羽人聽到這句話，害羞地躲到了一邊，小聲嘟嚷：「她是長得漂亮！可是有的中國神仙就是長了對翅膀，至少很多是穿了有羽毛的衣服才能飛。」站在他背後的織女拍拍他的肩膀，表示贊同：「當年牛郎就是藏起了我的羽衣，我才沒有飛回天空的！」

坐在鵝身上的尼爾斯突然發現了一個共同點，於是對丘比特說：「中國的神仙和我一樣，是坐着動物飛上來的。」鵝的名字叫莫爾頓，牠有意見了：「我是大雁的親戚，不僅有翅膀，而且努力向大雁學習才會飛的。你看看他們騎的都是甚麼動物！」

尼爾斯看看身邊的中國神仙，的確具有中國特色！騎着龍、鳳、麒麟、仙鶴，甚至連老虎、鹿、大象都有！

飛 天

　　在佛教初傳不久的魏晉南北朝時，曾經把壁畫中的飛仙稱為飛天。

　　飛天飛繞在上空，有的腳踏彩雲，徐徐降落；有的昂首揮臂，騰空而上；有的手捧鮮花，直沖雲霄；有的手托花盤，橫空飄遊。那迎風擺動的衣裙，飄飄翻捲的彩帶，飛天飛得多麼輕盈巧妙、瀟灑自如、嫵媚動人。這大概是人類對飛翔天際最原始的想像。

　　飛天以敦煌飛天為代表，是敦煌藝術的標誌。只要看到優美的飛天，人們就會想到敦煌莫高窟藝術。敦煌莫高窟492個洞窟中，幾乎窟窟畫有飛天。

▲莫高窟飛天圖

會飛的武器

我國古代的能工巧匠發明了許多可以飛翔的物品。早期，它們是用於戰爭的。

奇肱飛車就是中國神話傳說中的一種飛行器。它是公元前1500多年商代奇肱國人製作的一種能借助風力載人在天空遠距離飛行的裝置。傳說奇肱飛車曾借助風力從今天的四川載人飛行至河南。

奇肱飛車在中國古代文獻有明確記載。《山海經·海外西經》「奇肱之國」條下註釋道：「其人善為機巧，以取百禽。能作飛車，從風遠行。湯時得之於豫州界中，即壞之，不以示人。後十年，西風至，復作遣之。」

▲ 傳說中的奇肱飛車

類似的文字也於晉代的《博物志·外國》中出現：「奇肱民善為拭扛，以殺百禽。能為飛車，從風遠行。湯時西風至，吹其車至豫州。湯破其車，不以視民。十年，東風至，乃復作車遣返，而其國去玉門關四萬里。」

奇肱飛車的構造、動力至今仍無從考證。現代人對奇肱飛車的外形有許多的想像和推斷。你能從古籍中對於奇肱飛車「善為機巧，以取百禽」的描述，想像出它的模樣嗎？

關於用飛行器做武器還有個有趣的故事。

那是2200多年前的一個晚上，西楚霸王的士兵被劉邦的軍隊圍困。

項羽的士兵們飢寒交迫。這時候的天空，出現了一隻扁扁的大鳥，嗚嗚咽咽地唱着楚國士兵家鄉的流行音樂。「那隻大鳥又來了！」餓着肚子的士兵們趕緊把揉肚子的手騰出來，捂住了耳朵。「弓箭手，你倒是射它啊！」弓箭手嘟嚷：「又不是隻活鳥，弓箭可射不死它！」你會說，捂耳朵做甚麼？當音樂會聽好了嘛！可是，這個時候士兵離開家鄉很久很久了，又餓着肚子，被數不清的敵人圍住，生死未卜……聽着聽着，是多麼的想念爸爸媽媽，想念和兄弟姐妹一起做伴打鬧，還有那天來送行的心愛的姑娘……

夜色更濃的時候，西楚霸王的駐紮地裏，一個個黑影溜出來，消失在樹林裏。幾天下來，士兵越來越少。一世英雄的西楚霸王，在這樣的情況下，最後一敗塗地。

但是，剛才說到的那隻扁扁的大鳥到底是甚麼呢？它是隻用牛皮做的大風箏。那大鳥為甚麼會發出音樂？有人說是敵方將軍韓信把竹笛綁在上頭，風一吹，就嗚嗚咽咽地唱歌，地上思念家鄉的士兵就跟着哼思鄉的曲子；也有人說是韓信讓瘦瘦的謀士張良坐在風箏上頭吹笛。反正不管這個「歌唱家」是誰，就這樣動搖了楚軍的軍心，這也是「四面楚歌」這個成語的來源了（現在比喻孤立無援、四面受敵的境地）。

讓玩具也飛起來

古代人慢慢發現只把飛行器當武器太可惜了。慢慢地，這些會飛的東西變成了我們的玩具。

就拿孔明燈為例吧，傳說三國的諸葛亮被司馬懿困在了平陽，沒有辦法派兵出城求救。善於觀察氣象的諸葛亮研究風向，做出會飄在空中的紙燈籠，在上面寫上求救信號，才得以脫險。這個紙燈籠之所以會飛，是因為點燃了燃料，燈籠裏的溫度升高，燈籠裏的空氣密度就會減少，燈裏的空氣排出，重力變小，空氣就可以把燈籠托起來了。後來，放飛孔明燈成了我國的一種風俗，人們用放飛孔明燈，來祈求平安如意。

不過，我們古代這些會飛的玩具，傳到了不同的國家，竟然還被發掘出許多新意來了。

這一天，法國的凡爾賽宮

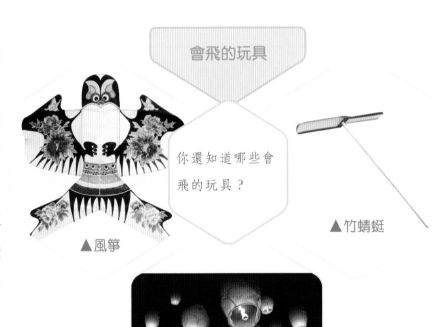

會飛的玩具

你還知道哪些會飛的玩具？

▲風箏

▲竹蜻蜓

▲孔明燈

和以往一樣，廣場上綠草如茵，噴泉濺起的水珠都帶着鮮花的香味。但是，和以往不一樣的是，廣場上黑壓壓地擠滿了人。人們，包括凡爾賽宮的主人——路易十六的脖子都伸得老長，仰望着藍天。一個巨大的藍色熱氣球正緩緩升起，下面吊着的籃子裏，時不時地傳來公雞、鴨子和綿羊的叫聲。「啊啦啦，飛得那麼高了！」「呀！飄到森林那邊去了！」8 分鐘後，剛剛升起的熱氣球在 3 公里外的森林裏降落了。

從老遠跑過來的人喊：「安全降落了！」跟在他後面的人們抬着剛才跟着氣球升天的籃子，向路易十六走來。原來，他們在看熱氣球帶動物上天的實驗呢，籃子裏放了公雞、鴨子和綿羊。有了熱氣球成功帶動物上天的經驗後，法國人很快成功實現了用熱氣球帶人上天飛行的夢想，這是 1783 年，人類第一次在天空自由飛翔。

中國航空史上第一人

公輸般（公元前507—公元前444）就是大家熟悉的魯班，是春秋末期著名工匠，被後世尊為中國工匠師祖。據《墨子·魯問》記載，魯班做了隻竹木喜鵲，做成之後，飛在天上，三天都不會落下來。這樣看來，魯班也算是中國航空史上的第一人。

▲墨子

中國最早的飛行器研究者

墨翟（公元前468—公元前376），春秋、戰國之際的思想家墨子。《韓非子》曾記載墨子用三年時間製成一隻會飛的木鷂，可以飛行一天。他是中國早期進行飛行器研究的學者。這大概也為風箏這些中國傳統民間簡易飛行器的誕生奠定了基礎。

▲魯班

那些為飛做實驗的人

飛是中國古代人既好奇又想嘗試的東西。有許多人為「飛」做各種實驗，甚至不惜犧牲生命。

我們要說的第一個人，他叫高洋，生活在 1500 多年前的北齊。

高洋是個暴君，他最喜歡神話故事裏神仙穿羽衣飛行的情節。他也嘗試爬到高高的台子上，像是要「飛」下來的樣子，下面的官員和老百姓看得心驚肉跳的。當然，高洋自己是不敢跳下來做飛行「實驗」的，他想出一個辦法，那就是拿死囚來做飛行「實驗」。

「用羽毛做翅膀，不好做？」

「那用竹子編些席子甚麼的，不就一樣了嗎！」

「甚麼？ 死囚不敢跳？那告訴他們跳下去不死的話，我就放他們出去了。」

就這樣，一批一批的死囚，咬咬牙，從高高的金鳳台跳下去，一個個都摔死了。高洋還很有幹勁，想繼續「實驗」，說不定哪天會發生奇跡呢！

直到有一天，一個叫元黃頭的人被綁來了。他是高洋的手下敗將，東魏的王子。他問高洋：「跳下去不死，就放我走？」「你放心跳吧，摔不死的話，我絕對不殺你了。」

結果，有備而來並且身體靈巧的元黃頭順着風滑翔下去，安全落地。高洋後悔了：我不殺他，但要關起來，不給他吃的，餓死他！

高洋看來並不珍惜他飛行「實驗」的成果，他的暴行被記錄在史書上，但也留下了這段中國人第一次滑翔成功的故事。

我們要講的第二個實驗飛行的人，是西漢人，他的名字史書並無記載，暫且叫他「翼裝俠」吧！

據《漢書·王莽傳》記載，當時王莽篡位建立了新朝，北方匈奴經常進犯，王莽遂下令招募類似今天特種兵的勇士，凡是有特殊技能者均可以破格使用，委以重任。

一時間，眾多懷有絕技的人前來獻藝。其中，有一男子自稱能飛，日行千里，很適合做偵察兵，可以空降到敵後偵察敵情。王莽半信半疑，讓他當場試飛。此人用鳥羽製成了兩隻人工翅膀，「取大鳥翮為兩翼」，將之緊綁在自己的身上，又在頭和身體其他部位插上羽毛，最後再裝上環鈕等器件。雙腳彈地而起，真的飛了起來，飛行數百步才落下來。很遺憾，王莽覺得他的技術華而不實，雖然給了獎勵，但此技術並未能得到重視和發展。

雖然此次飛行只有「數百步」，但卻是中國飛天夢想中的一個重要事件。

現在，有個刺激冒險的翼裝飛行運動很受歡迎，這個運動能算是「翼裝俠」發明的嗎？

▲ 現代的翼裝飛行運動

雲朵，你好！

我和飛機坐輪船

中國人真的將飛天的夢想變為現實是在 20 世紀初。

那是 1911 年寒冷的 3 月，廣東人馮如披了件長大衣站在輪船的甲板上看海。天黑得太快，他還沒有來得及看到甚麼，只看到大風把大衣下擺吹得鼓鼓的。「馮先生，外面又黑又涼，回屋裏暖和暖和吧，明天我們就能到香港了。」

馮如回到房間裏，挨着暖暖的爐子，聽着海上濤聲，靜靜地想他的母親、他的祖國。

馮如是廣東恩平人，從小家境貧寒。12 歲隨父親漂洋過海到美國謀生。馮如在美國船廠、電廠都做過，學了許多機械製造的知識。他目睹了美國的先進工業，逐漸意識到要改變中國貧窮落後的面貌，一定

要擁有先進的工業技術。

後來，馮如和朋友一起開了個機器製造廠。看着萊特兄弟那麼厲害，做出了飛機，馮如很激動，他和夥伴們花了很多力氣，也做出了飛機，雖然只飛了 4 分鐘，不過，已足夠讓中國人第一次和雲朵說聲「你好」了！而馮如的這次飛行，只比萊特兄弟他們晚了 6 年。1910 年年底，馮如駕駛他製造的飛機，在奧克蘭進行飛行表演大獲成功。

▲ 馮如設計的飛機模型

之後，有很多美國人邀請馮如教他們飛行技術。但馮如知道，此時，自己的祖國更需要自己。他在奧克蘭進行飛行表演時，孫中山先生來看望馮如，並邀請馮如參加革命，推翻清代政府。多少年了，鄉音總在夢裏縈繞，馮如想回家，回到中國去！所以，馮如帶着他的飛機夢，毅然搭上了回香港的輪船。

回還是不回

1910年，馮如面對人生最大的選擇。擺在他面前的，是兩個選擇。一個，和美國公司簽一份高薪合同，留下來教他們飛行技術，自己可以過舒服日子。

另一個，回到連年戰爭、民不聊生的清末中國。用他製造、駕駛飛機的技術報效祖國。

如果，你是馮如，你的選擇是甚麼？

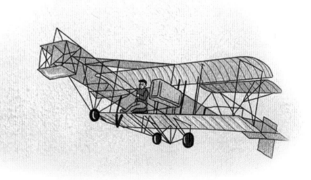

北京天津一小時

我們把馮如返回中國的那一年，叫作中國為飛機敞開了大門的年度，怎麼樣？

就在那一年，法國飛行家環龍（Vallon），到了上海，要做飛行表演。那時的上海，有機場嗎？飛機在哪裏起飛、降落呢？這難不倒環龍，住在上海的法國朋友，老早就給他安排好了。上海那時候流行跑馬，有一些大的跑馬場，每天大家去那賭哪匹馬跑得快。那麼多馬兒能跑的地方，環龍的飛機應該也足夠跑了。

1910 年，清政府決定從法國人那裏買架飛機，在北京南苑建個機場，這就是中國的第一個機場。

▼ 南苑機場是中國歷史最悠久的機場

雖然清王朝不久後就滅亡了，但是飛機向我們普通人越走越近。1920年，飛機開始第一次用於民航，運送乘客和郵件。當時的報紙熱情地報道了那一次從北京到天津的飛行。

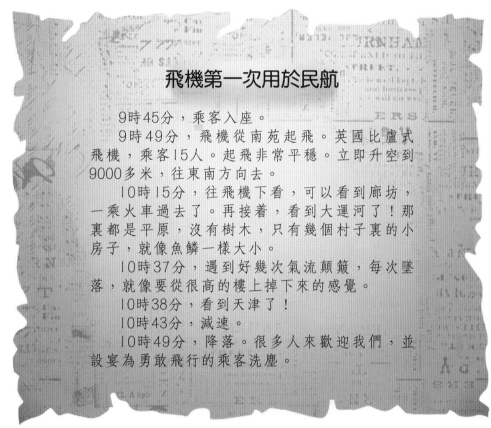

飛機第一次用於民航

9時45分，乘客入座。

9時49分，飛機從南苑起飛。英國比盧式飛機，乘客15人。起飛非常平穩。立即升空到9000多米，往東南方向去。

10時15分，往飛機下看，可以看到廊坊，一乘火車過去了。再接着，看到大運河了！那裏都是平原，沒有樹木，只有幾個村子裏的小房子，就像魚鱗一樣大小。

10時37分，遇到好幾次氣流顛簸，每次墜落，就像要從很高的樓上掉下來的感覺。

10時38分，看到天津了！

10時43分，減速。

10時49分，降落。很多人來歡迎我們，並設宴為勇敢飛行的乘客洗塵。

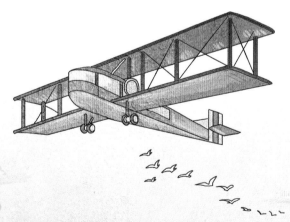

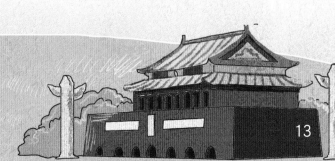

我揮一揮衣袖，不帶走一片雲彩

慢慢地，飛機不僅僅是用來表演，而是成為人們日常的交通工具。你知道 20 世紀初，民用飛機是怎麼樣的嗎？

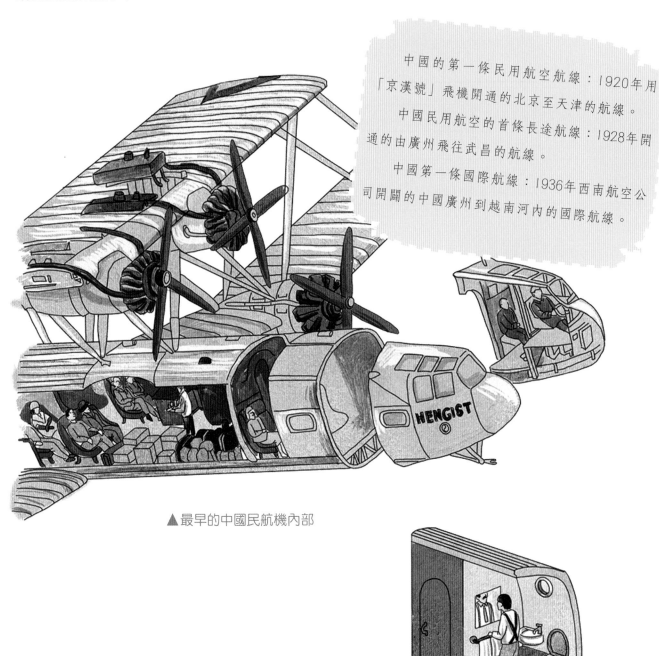

中國的第一條民用航空航線：1920年用「京漢號」飛機開通的北京至天津的航線。

中國民用航空的首條長途航線：1928年開通的由廣州飛往武昌的航線。

中國第一條國際航線：1936年西南航空公司開闢的中國廣州到越南河內的國際航線。

▲最早的中國民航機內部

這會兒，我們又要講到一位瀟灑的詩人，他寫過太多美麗的詩歌。他叫徐志摩。

徐志摩離開劍橋大學的時候，留下了那首膾炙人口的《再別康橋》：「我揮一揮衣袖，不帶走一片雲彩。」

或許你會問，徐志摩與飛機有甚麼關係？有關係，但是有些哀傷。徐志摩回到中國後，他在上海、北京的大學做老師。有的時候，不到半年，他就要在北京、上海兩地奔波 8 次。為了減少旅途的辛勞，那時候剛流行起來的飛機，成了徐志摩出行的一個選擇。

▲徐志摩

1931 年的一天，他從南京出發，飛到了濟南，突然大霧彌漫，看不清方向。「王機師，怎麼辦？！」「只能降低飛行高度了，這樣可能看得清楚些。」之後就再也聽不清楚他們的對話，只聽到一聲巨響，飛機撞到了山上，機身起火，很快就墜入山谷。飛機上的人，包括徐志摩，全部遇難。

詩人走了，我們還記得他寫的詩。如果有一天，我們湊巧經過劍橋大學，也許會看到國王學院外的草坪上放了一塊刻着《再別康橋》詩句的石頭，紀念徐志摩。

▼劍橋大學裏《再別康橋》的詩碑

◀劍橋大學

聖誕老人摔下來啦?

1946 年 12 月 25 日,上海。報紙上寫道:

　　街上除了站在路口的一位警察先生瘦長的影子,已不再有別的人,「都市的小爬蟲們」今夜大抵放假,誰也沒有載馳着主人出門赴宴、跳舞、打牌、談生意。不管外國人、中國人,只要他有這樣高尚的「習慣」,今天晚上,他都要學洋人的樣子,在家裏度過他的聖誕夜。因此今天晚上大街小巷的守夜者,例如我們可敬的警察先生,都是寂寞無聊的。

　　就在這個時候,上海的上空,連續爆發出一聲聲巨響。

「聖誕老人從雪橇上摔下來了嗎？」

「聖誕老人禮物帶得太多，馴鹿拉不動，掉下來了嗎？」

不對，響聲非常淒厲，老遠還看到沖天的火光，還有人在痛苦地哀號。原來，這個聖誕節的晚上，上海上空連續發生了三起空難，死傷81人。

由於早期航空的硬件、軟件條件都不完備，基礎又不牢靠，所以常常發生空難。

抗日戰爭時期發生空難的原因

第1原因

擊落飛機　27次

第2原因

天氣不好　10次

第3原因

飛機失蹤了　8次

第4原因

飛機故障　14次

第5原因

撞山了　6次

第6原因

起飛、降落不慎　12次

駝峰航線

躲飛機

　　奶奶曾經告訴我說躲飛機是她的童年回憶。你可能會問我，躲飛機和躲貓貓是不是差不多？躲飛機是不是更好玩？那讓我來告訴你，躲飛機是怎麼回事吧。

　　那年，奶奶才 6 歲，正在家邊上玩耍，突然看到飛機飛過來，好多飛機！大人和小孩都沒有看過這麼多的飛機。飛機上掉了一些黑點下來，米粒那麼大，緊接着，就是震耳的爆炸聲。奶奶嚇壞了，趕緊抱着腦袋跑回家，鑽到桌子底下，大人們用棉被把奶奶包裹起來。

　　那時候，日本人侵略中國，南京的國民政府就遷到內陸的重慶。剛才來的，正是日本人的飛

▼重慶大轟炸的慘狀

機，飛來轟炸重慶。

在後來的 6 年裏，奶奶常常忙着躲飛機。日本人想出無數花樣，想通過飛機轟炸，讓中國人投降。有時日本軍隊會從空中扔燃燒彈下來，就這樣，許多的房屋都給燒毀了。有時候日本軍隊會實施疲勞轟炸，八日七夜連着轟炸。有時他們還會搞地毯式轟炸，連它的同盟軍納粹德國在重慶的大使館都被炸了。

一聽到防空警報，奶奶一家就會和鄰居們帶上準備好的乾糧、水，往防空洞躲。「天上的敵機是個梯形隊伍，三架，六架，九架，十八架，共三十六架飛過頭頂」，飛到重慶上空時，一字排開，只聽到「哄咚哄咚」幾陣高射炮聲。「隨後是連串的哄咚聲，比之前的還厲害，那是敵機在投彈了。」有時，一批飛機剛走，又來一批。在防空洞躲久了，裏面空氣好差，呼吸都困難！

從防空洞出來的時候，奶奶的媽媽總會捂着奶奶的眼睛，怕嚇到她。她的鼻子卻可以聞到炸藥的硫磺味，她的皮膚可以感受到剛才爆炸的熱氣，她的耳朵可以聽到喪失親人後的痛哭聲。

奶奶就是這麼慢慢地長大，躲了好幾年的飛機，直到後來日本人投降。

這就是奶奶童年記憶裏的躲飛機。

日本人在侵華戰爭中，狠狠地發揮了飛機的戰鬥力量，實施大轟炸，希望迫使被侵略的國家屈服。幾百架飛機轟炸，扔下幾千噸的炸藥。這時的飛機不再那麼可愛。但可惜，侵略的行為永遠得不到認可，日軍的轟炸行為受到了國際社會的一致譴責。

重慶大轟炸

重慶大轟炸指中國抗日戰爭期間，由1938年2月18日起至1943年8月23日，日本對戰時的重慶進行了長達5年半的戰略轟炸。據不完全統計，在5年間日本對重慶進行轟炸218次，出動9000多架次的飛機，投彈11 500枚以上。重慶大轟炸的死者達10 000人以上，超過17 600幢房屋被毀，市內大部分繁華地區被破壞。

「飛虎隊」的「大鯊魚」

難道，只有重慶面臨日軍飛機的狂轟濫炸嗎？

不是，日本新研製的零式飛機十分有威力，他們在上海、南京、昆明、廣州、汕頭、香港、西寧等900多個城市和無數鄉村進行了轟炸，死傷無數。

我們是鯊魚戰機，日軍別再猖狂。

▲「飛虎隊」飛機

就在日本空軍自詡空中「戰神」的時候，派去昆明轟炸的飛機遇到對手了，高空中突然有飛機俯衝過來，而這些飛機還長着血盆大口、牙齒尖利！一切來得太突然，強大的火力讓日軍招架不及！日軍飛機被擊落三分之一，重傷三分之一。而剛才，路見不平，出手幫助中國人民的大鯊魚飛機，正是「飛虎隊」！也就是中華民國空軍美籍志願大隊，由來自美國的陳納德和眾多美國飛行員組成，來幫我們反抗日本侵略。

慢慢地，被擊落的日軍飛機越來越多。日軍，還敢在空中肆意妄為嗎？

◀陳納德是「飛虎隊」的指揮官

老百姓知道「飛虎隊」是為了中國人民戰鬥，因此老百姓們冒着巨大風險，爭分奪秒為「飛虎隊」戰機修建跑道，並在空襲期間做好掩護措施。如果沒有中國百姓施以援手，「飛虎隊」甚至在起飛前就會被日軍消滅掉。與中國人民攜手作戰是擊退日軍、取得最終勝利的關鍵。

▲「飛虎隊」隊員們

▲「飛虎隊」血符

當飛機不幸被擊中或發生故障墜毀時，當地村民挽救「飛虎隊」飛行員的生命，提供庇護並將他們安全帶回機場。「飛虎隊」的飛行衣背後上縫有帶中文信息的「血符」，也被稱為「救命符」，中國百姓看到「血符」就會進行救護。

這段與中國人民結下的友誼以及他們甘願犧牲的精神，永遠留存在「飛虎隊」員們的記憶中。

我想去澡堂洗澡！

一次，「飛虎隊」的一個叫加布里爾的美國飛行員起飛了，他這次的任務是轟炸日軍的軍事設施。勇敢的加布里爾衝在前面，飛得很低轟炸日軍車站。不小心，飛機被擊中起火，加布里爾只能被迫跳傘了。地面上，可是日本人佔領的地盤！還好，加布里爾帶上了那個中文「血符」。雖然語言不通，但是看到這個條幅，村子裏的中國老百姓偷偷地把他藏好，照顧他。日軍懸賞10萬大洋找那個跳傘的美國人，村裏也沒有一個人出賣他。

可是，在等待「飛虎隊」來接他回去的日子裏，加布里爾一直沒有機會洗澡。因為，大家都去的澡堂在日本人眼皮底下，加布里爾如果去，不就是自投羅網嗎？怎麼辦呢？

為了讓「飛虎隊」隊員能洗個澡，村子裏的老百姓想盡辦法，找了一間反日的學校，偷偷送加布里爾去那洗澡。

死亡航線維繫的生命線

　　在抗日戰爭時期，有一條非常特殊的航線——駝峰航線，它有另外一個名字，死亡航線。

　　駝峰航線是中美兩國「二戰」期間，為抗擊日本法西斯侵略，保障中國戰略物資運輸，共同在中國西南山區開闢的空中通道。

　　飛越「駝峰」對於盟軍飛行人員而言是近乎自殺式的航程。航線跨越喜馬拉雅山脈，穿行於緬甸北部與中國西部之間的崇山峻嶺之間，頻繁遭遇強氣流、強風、結冰。

　　挑戰最高達到 8844 米多的喜馬拉雅山？或許我們今天可以嘗試。但是，在那個時候，一般的飛機爬高極限不到 7000 米。如果堅持飛，只有一個辦法，那就是一看到遠處有高峰了，就繞着飛過去。航線全長 800 公里，一路上卻不斷地在山峰連綿（像駱駝的峰背）的地帶飛行，所以，有了「駝峰航線」這個名字。在駝峰航線飛行，有時飛機機翼幾乎是擦着山崖飛行，十分危險。

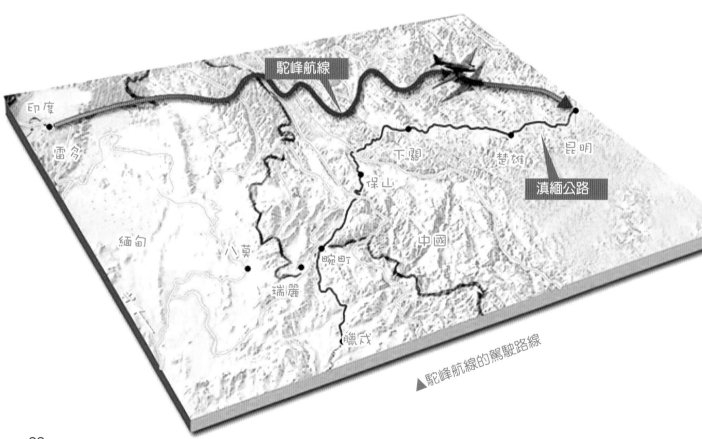

▲駝峰航線的駕駛路線

▲駝峰航線所經之地地勢險峻

一些中國飛行員和「飛虎隊」飛行員們，參加了這條危險航線的飛行。儘管日軍封鎖了中國和外界的通道，駝峰航線在那幾年裏給中國帶來了 85 萬噸的抗戰物資，所以，我們也說它是保證抗戰物資供應的生命線。

只是，在這麼危險的航線上，短短幾年裏，有1500 多人犧牲。倖存的飛行員們這麼說：在晴朗的日子，航線上到處都可以看到陽光反射着飛機殘骸的光芒，像一座座地面航標，不需要無線電導航，我們都可以飛回基地。

▲坐落在昆明的駝峰飛行紀念碑

在中國抗日航空烈士的 30 塊紀念碑的 60 個面上，一共刻着 3300 個烈士的名字，其中有 2200 個美國人，這些年輕的美國飛行員，把他們年輕的生命獻給了中國的天空。每一個中國人都會對他們表示崇敬。

中國，起飛

一列 26 節的火車

中國人堅持下來了，贏得了抗戰的勝利。終於，我們的家不再是戰場，我們的人民也不再流離失所，我們飛向藍天的夢，也有了實現的機會。

我們起飛的故事，不妨從 1951 年說起。那年的 5 月，一輛 26 節的列車駛入瀋陽。和其他的列車比，它有些不一樣：它從蘇聯來，車上的乘客有一個共同點，都懂點飛機修理的知識。原來中國和蘇聯簽了協議，請這些蘇聯專家來傳授飛機修理的知識。

「我們很多人見都沒有見過飛機！」「飛機都是我們從不同地方繳獲的！發動機型號很多，修起來太複雜！」1928 年以前，中國從外國購買的飛機有 3000 多架，抗日戰爭期間又買了 2351 架，中國自己組裝仿製了 600 ～ 700 架，型號能不複雜嗎？

我來學修發動機！　我們自己學修飛機。

儘管如此，很快，中國工人們都學會獨立修理各種飛機，越來越多的飛機修理廠建成。

「哪裏來那麼多需要修理的飛機呢？」原來，在鴨綠江的那邊，朝鮮戰爭的戰火蔓延到我國。保家衛國的中國人民志願軍參加了抗美援朝戰爭，在空中戰場表現英勇。新中國就這樣，在一邊學習修理飛機，一邊在支持抗美援朝戰爭的過程中，發展了自己的航空業。

中國飛機成就展

1954年，中國生產的第一架飛機——「初教-5」試製成功。

1970年，中國首次自行研製的大型噴氣式客機——運-10。

2015年的「9·3」閱兵，參與飛機過百架，創歷史之最。參閱飛機也全部都是國產先進飛機。

C919大型客機，是我國最新研製的民用飛機，於2008年開始研製，於2017年5月5日在上海成功完成首飛。

有趣的熊貓專機

我叫興興。

我叫玲玲。
我們是和平
使者。

熊貓日記

1972年1月 寒冷

　　我叫興興，她叫玲玲，我們是可愛的大熊貓，我們的家在北京西直門外大街上。

　　1972年的正月還是非常寒冷。一天，園子裏來了一群特殊的遊客，他們直奔我們來了。「Lovely!」「Cute!」那位穿着紅衣服的女士一直在誇我們。玲玲問我：「你怎麼聽得懂她的話呢？」我拍拍玲玲：「哦，看她的表情嘛！」

　　過了兩個月，我和玲玲搭上飛機，作為「外交使者」前往美國。一路上，幸虧有我們喜歡吃的竹葉，時間還是過得很快的。到華盛頓的時候，正下着大雨。休息了幾天，我們就入住華盛頓的動物園了。一切，就像我以前從西南到北京。有些疲憊，有些緊張。

　　不過，很快我們就發現不一樣了。來看我們的人實在太多了，聽說，動物園外面常常交通堵塞！一個月，來了110萬遊客！還有，你聽說過龍年、馬年、雞年，那你聽說過熊貓年嗎？是的，美國人把1972年叫熊貓年了。我們好像成了特別出名的明星，真是有些害羞呢。

在興興、玲玲之後，越來越多的熊貓飛到世界各地，給人們帶去歡樂。喜歡熊貓的人們認真鑽研熊貓吃甚麼、喜歡甚麼、為甚麼長這個樣子，常常熊貓一到哪個國家，當地的報紙就在討論這些，而動物園則常常遊客爆滿。

畫着熊貓的飛機

▶ 2012年1月15日，大熊貓「歡歡」和「圓仔」乘坐「聯邦熊貓快遞號」前往法國。

◀ 2007年7月24日，日本航空公司有大熊貓圖案「飛天熊貓」客機正式亮相。

▶ 2014年2月22日大熊貓「星徽」「好好」乘坐專機飛赴比利時。

忙忙碌碌的機場

機場是航空事業中的一個重要組成部分，是飛機起降、停駐、維護的場所。

在中華人民共和國成立前，每年只有 10 000 人次搭乘飛機，那時的機場設備落後，做向導的馬燈甚至是擺在地上的。截至 2019 年，全中國機場年旅客吞吐量達到 12.6 億人次，千萬級機場增加到 37 個，這個數據還在不斷更新。一些大城市的機場是名副其實最忙碌的地方。

我國建設的機場大多在省會、沿海或旅遊城市，它們有很多好玩的名字，你知道嗎？

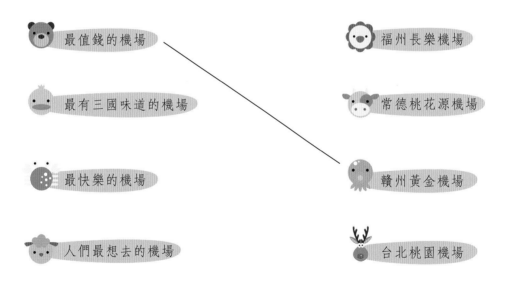

你還能想到哪些有趣的機場名稱呢？

截至 2018 年，中國旅客吞吐量超千萬機場
已達 37 個

近年來，中國民航局大力提倡發展航空經濟，各地發展民航業的熱情高漲

北京首都機場

旅客吞吐量連續五年居全球第二

上海浦東機場

貨郵吞吐量連續七年保持世界前三

廣州白雲機場

國內三大航空樞紐機場之一

運輸頒證機場數量增至 235 個

其中定期航班通航機場 233 個　　定期航班通航城市 230 個

北京

上海

廣州

破繭成蝶的喜悅

航空飛行已經將人與人的距離縮短到最小。但由於很多的歷史原因，有些明明很短的距離卻顯得那麼遙遠。而當這個距離被打破時，人們又能深深感受到那種破繭成蝶的喜悅。

我現在要講一個在大陸工作的台灣商人的故事，因為他曾確切感受過這份喜悅。

那是 2003 年 1 月 26 日，凌晨 3 時空曠的台北中正機場候機廳內，迴盪着李先生和幾個同樣在大陸開廠的台灣商人零零落落的腳步，那天是台商回鄉春節包機首航，這是 54 年來台灣飛機首次飛行大陸。因為台灣當局的種種限制，這次參與包機的範圍被縮得很小，所以像李先生這樣的參與者的喜悅是熱烈的。

2005 年 1 月，台商回鄉春節包機第二次成行，雖然仍是「帶枷跳舞」，但大陸的飛機終於可以參與了。那次，李先生是從大陸飛往台灣，當大陸飛機抵達高雄機場時，南台灣人舉行了熱烈的歡迎儀式，鑼鼓喧天，彩獅奔騰。

走過 2008 年，兩岸實現直航，大陸居民可以赴台旅遊了，大陸企業到台灣設分公司了，大陸學生到台灣讀書了……李先生往返大陸與台灣不再需要大費周折，隨時買票隨時走。

現在的李先生有時會和那些不知「三通」為何物的孩子們，講講曲折穿梭兩岸的舊事。

李先生的心底還有一個最大願望，就是兩岸永久的和平。

我見過最獨特的風景——從熱帶島嶼到冰雪城堡

　　李先生經常坐飛機穿梭兩岸，他經常能通過飛機的窗戶去欣賞窗外的美景。讓他印象最深的是，一天能夠領略截然不同的兩種風景：早上在台北機場起飛，窗外大海的藍和天空的藍連成一片。傍晚，到了北京，從飛機窗戶看出去，見到離機場不遠的地面上，有好多個大小不一、藍綠色橢圓形的冰面，北京正下着細細的小雪。

　　你和你的家人、朋友，見過最獨特的窗外風景是甚麼呢？

我坐飛機去香港

暑假來了，一位內地小朋友想去香港迪士尼看望米奇老鼠和白雪公主，順便去海洋公園跟海豚打個招呼。這次她打算坐飛機，她這樣安排自己的行程。

第一步

我計劃從 _____ 機場
飛往香港 _____ 機場。

▲香港 _____ 機場

我要開始整理行李了，我知道上飛機有些物品不能隨身帶，必須托運。

它們是：

第二步

 ▲刀具　　 ▲衣服　　▲旅行裝牙膏　　▲100毫升以上的液體

我終於坐上飛機了。雖然這是我第一次坐飛機，但飛機安全知識我非常清楚：

第三步

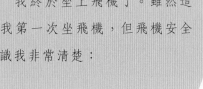

▲飛機上不能使用手機等通訊設備　　　▲扣好安全帶　　　▲我還知道_____

33

我的家在中國・道路之旅 ⑦

飛機帶我們翱翔 | 航空

檀傳寶◎主編　葉王蓓◎編著

責任編輯：楊　歌

裝幀設計：龐雅美

排　版：龐雅美　鄧佩儀

印　務：劉漢舉

出版／中華教育

香港北角英皇道 499 號北角工業大廈 1 樓 B

電話：（852）2137 2338

傳真：（852）2713 8202

電子郵件：info@chunghwabook.com.hk

網址：https://www.chunghwabook.com.hk/

發行／香港聯合書刊物流有限公司

香港新界荃灣德士古道 220-248 號

荃灣工業中心 16 樓

電話：（852）2150 2100

傳真：（852）2407 3062

電子郵件：info@suplogistics.com.hk

印刷／美雅印刷製本有限公司

香港觀塘榮業街 6 號

海濱工業大廈 4 樓 A 室

版次／2021 年 3 月第 1 版第 1 次印刷

©2021 中華教育

規格／16 開（265 mm x 210 mm）